全国中等职业技术学校电子类专业

数字电路基础（第二版）习题册

中国劳动社会保障出版社

图书在版编目(CIP)数据

数字电路基础（第二版）习题册/朱春萍主编. —北京：中国劳动社会保障出版社，2017
全国中等职业技术学校电子类专业
ISBN 978－7－5167－3097－3

Ⅰ.①数… Ⅱ.①朱… Ⅲ.①数字电路-中等专业学校-习题集 Ⅳ.①TN79－44

中国版本图书馆 CIP 数据核字(2017)第 165402 号

中国劳动社会保障出版社出版发行
（北京市惠新东街 1 号　邮政编码：100029）
*
北京昌联印刷有限公司印刷装订　　新华书店经销
787毫米×1092毫米　16 开本　2.25 印张　52 千字
2017 年 7 月第 1 版　　2025 年 11 月第 15 次印刷
定价：5.00 元

营销中心电话：400-606-6496
出版社网址：http://www.class.com.cn
http://jg.class.com.cn

目　录

课题一　组合逻辑电路

任务1　逻辑门电路的识别与应用

一、填空题

1．当且仅当决定某件事情的各个条件全部都具备时，这件事情才能发生，这件事情和各个条件之间的关系称为___________关系，逻辑式：___________。

2．当决定某件事情的各个条件中，只要具备一个或几个时，这件事情就能发生，这件事情和各个条件的关系称为___________关系，逻辑式：___________。

3．决定某件事情的条件只有一个，事情发生总是和条件呈相反状态，这件事情和这个条件的关系称为___________关系，逻辑式：___________。

4．逻辑代数最基本的运算为________、________和________。

5．一个四输入端与门，当其中任意一个输入端为低电平时，该与门的输出端应为________。

6．TTL 与非门电路的电压传输特性是研究 TTL 与非门电路的______________改变时，________如何随之变化的特性曲线。

7．TTL 与非门电路输出高电平的典型值为________，输出低电平的典型值为________。

8．在使用多个 OC 门时，可将它们__________联使用，共用一个________，这时电路起到______逻辑关系。在实际应用中，OC 门不仅可实现________逻辑，还可实现________的转换。

9．三态门的输出端可以输出________、________、________三种状态。

10．________电路的多余输入端不允许悬空。

11．将与非门的所有输入连在一起，可以实现________门的功能；将或非门的所有输入连在一起，可以实现________门的功能。

二、选择题

1．能实现“有 0 出 0，全 1 出 1”逻辑功能的是（　　）。

A．与门　　B．或门　　C．非门　　D．或非门

2．能实现“有 0 出 1，全 1 出 0”逻辑功能的是（　　）。

A．与门　　B．或门　　C．与非门　　D．或非门

3．符合表 1—1—1 真值表的门电路是（　　）。

A．与非门　　B．非门　　C．或门　　D．与门

表 1—1—1　　　　真值表

A	B	Y
0	0	0
0	1	1
1	0	1
1	1	1

4. 表 1—1—2 真值表所表示的逻辑函数表达式为（　　）。

A. $Y=\overline{AB}$　　B. $Y=\overline{A+B}$　　C. $Y=A+B$　　D. $Y=AB$

表 1—1—2　　　　真值表

A	B	Y
0	0	0
0	1	0
1	0	0
1	1	1

5. 满足图 1—1—1 所示输入输出关系的门电路是（　　）。

A. 与门　　B. 或门　　C. 与非门　　D. 或非门

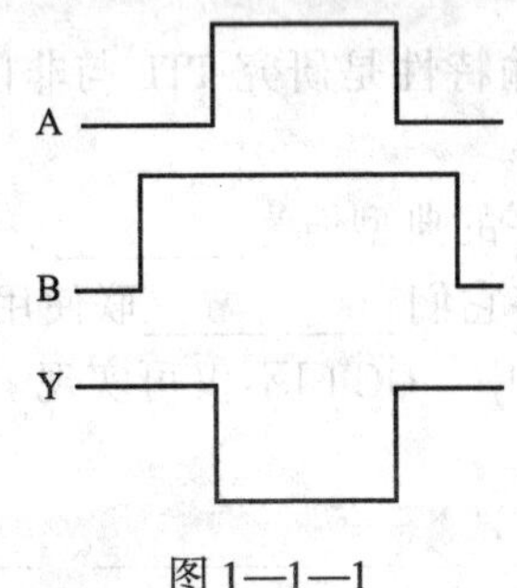

图 1—1—1

6. 满足图 1—1—2 所示输入输出关系的门电路是（　　）。

A. 或门　　B. 与门　　C. 与非门　　D. 非门

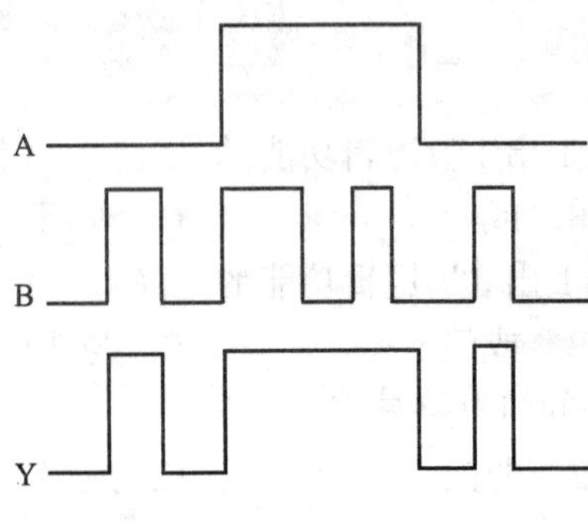

图 1—1—2

7. 满足与非门逻辑关系的输入输出波形是图 1—1—3 中的（　　）。

A.　　　　B.　　　　C.

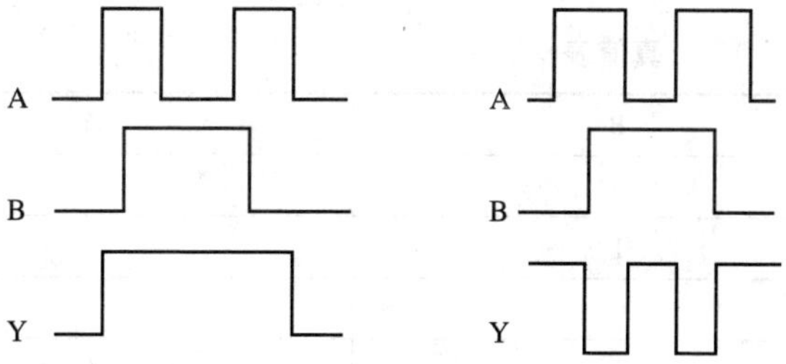

图 1—1—3

8. 满足非逻辑关系的输入输出波形是图 1—1—4 中的（　　）。

A.　　　　B.　　　　C.

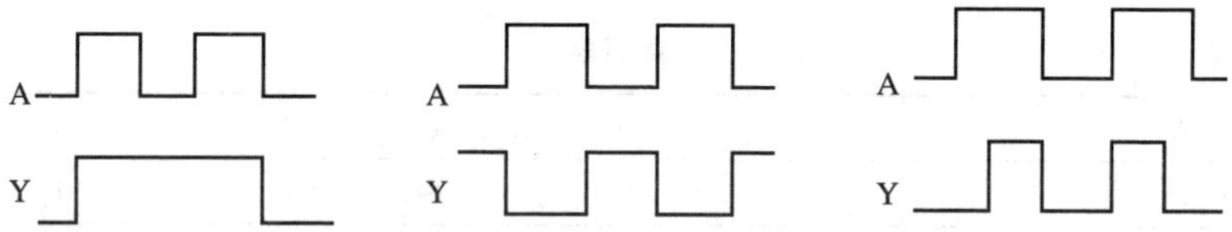

图 1—1—4

9. 满足图 1—1—5 所示输入输出关系的门电路是（　　）。

A. 与门　　B. 或门　　C. 与非门　　D. 非门

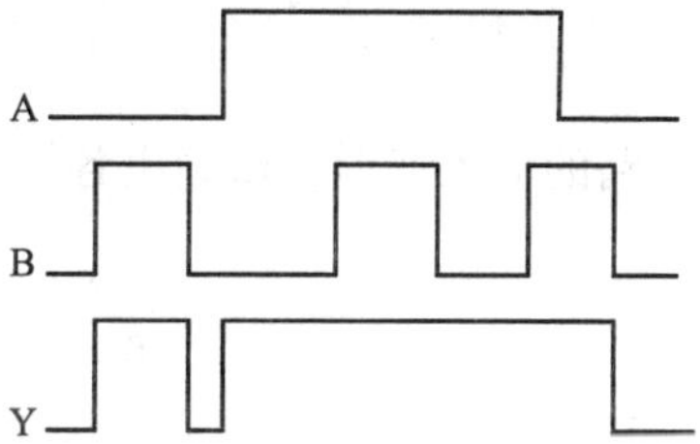

图 1—1—5

10. 满足图 1—1—6 所示输入输出关系的门电路是（　　）。

A. 与门　　B. 或门　　C. 与非门　　D. 非门

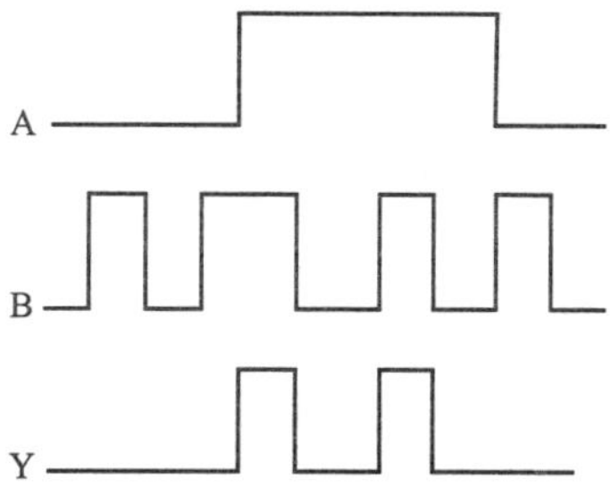

图 1—1—6

11. 多个门的输出端可以无条件连接在一起的是（　　）。

A. 三态门　　B. OC 门　　C. TTL 与非门

12. 符合表1—1—3真值表的门电路是（　　）。

A. 与非门　　B. 或非门　　C. 三态门　　D. 传输门

表1—1—3　　**真值表**

A	B	Y
0	0	1
0	1	0
1	0	0
1	1	0

13. 表1—1—4真值表所表示的逻辑函数表达式为（　　）。

A. $Y=\overline{AB}$　　B. $Y=\overline{A+B}$　　C. $Y=A+B$　　D. $Y=AB$

表1—1—4　　**真值表**

A	B	Y
0	0	1
0	1	1
1	0	1
1	1	0

三、简答题

1. 图1—1—7所示为各门电路的输入波形，试画出各门电路的输出波形。

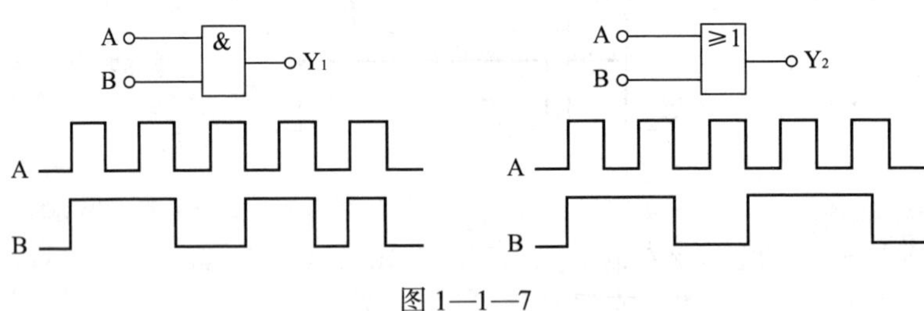

图1—1—7

2. 已知某逻辑电路的输入输出波形如图 1—1—8 所示，试写出它的真值表和逻辑函数式。

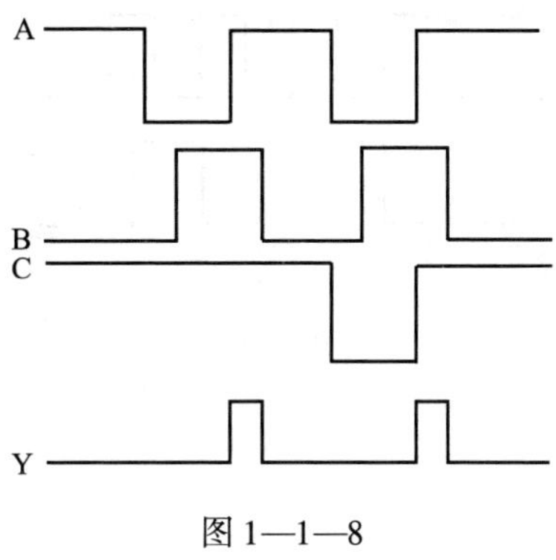

图 1—1—8

3. 根据图 1—1—9 所示的波形列出真值表，写出 Y_1、Y_2、Y_3的逻辑表达式，并画出逻辑符号。

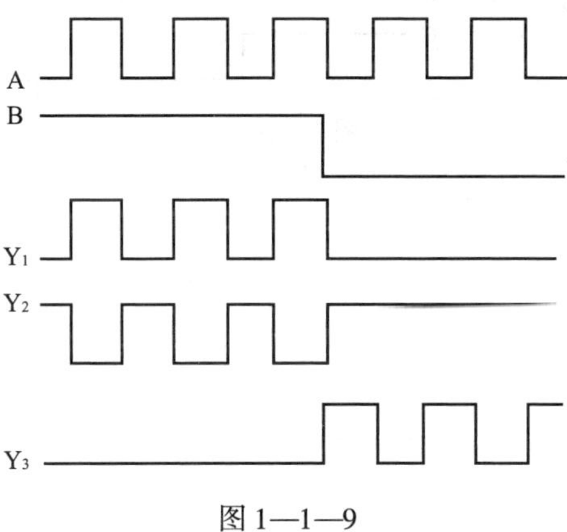

图 1—1—9

4. 根据图 1—1—10 所示三端输入门电路输入端 A、B、C 的电压波形，分别画出三端输入与非门电路输出端 Y 的电压波形和三端输入或非门输出端 Y′的电压波形。

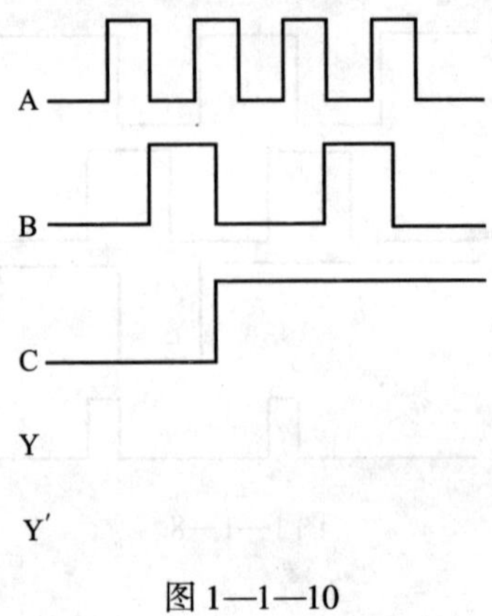

图 1—1—10

5. 图 1—1—11 所示为某三态门符号及其输入信号波形，画出其输出波形。

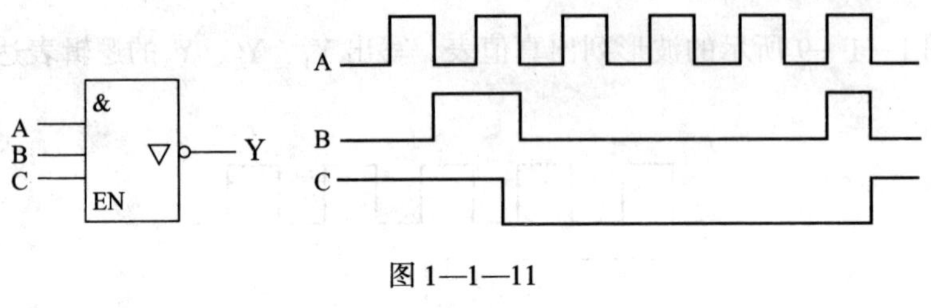

图 1—1—11

任务 2　组合逻辑电路的分析与设计

一、填空题

1. 用“1”表示________，用“0”表示________，称为正逻辑；反之，称为负逻辑。

2. 真值表是将________________和________________组成的表格。

3. 逻辑表达式是由________和________、________、________三种运算符号所构成的表达式，简称函数式或表达式。

4. 异或逻辑关系是指在________相同时没有输出，而不同时一定有输出，实现这种逻辑关系的电路称为________。

5. 逻辑函数的化简方法主要有________化简法和________化简法。

6. 经化简可得，$Y = ABC + A + B + C =$ ________，$Y = A(A + B) =$ ________，$Y = A(1 + B) =$ ________。

7. 最小项是指这样的乘积项：

（1）有________个变量，则最小项就有________个因子。

（2）每一个变量都以________或者__________的形式作为一个因子在乘积项中出现________次，且仅出现________次。

8. 把逻辑表达式表示成________，然后在卡诺图中把每一个乘积项所包含的最小项都填上________，其余的填________，就可以得到逻辑表达式的卡诺图。

9. 按照逻辑功能的不同，数字电路可以分成两大类：______________（简称________）和____________（简称________）。

10. 组合逻辑电路是指在任何时刻，输出信号仅取决于________，而与________无关。

二、选择题

1. 下列逻辑代数基本定律错误的是（　　）。

A. $A + B = B + A$　　B. $A + BC = (A + B)(A + C)$

C. $A(B + C) = AB + AC$　　D. $AB = A + B$

2. 逻辑函数式 $\overline{A}B + A\overline{B} + AB$ 化简后的结果是（　　）。

A. AB　　B. $\overline{A}B + A\overline{B}$　　C. $\overline{B} + B$　　D. $AB + B$

3. 能使逻辑函数 $\overline{A}BC$ 为 1 的变量 A、B、C 的取值组合有（　　）。

A. 000　　B. 010　　C. 011　　D. 100

4. 下列逻辑运算正确的是（　　）。

A. $A + B = A + \overline{A}B$　　B. $A + 0 = 0$

C. $AB + C = (A + B)(A + C)$　　D. $A + \overline{A} = A$

5. 逻辑函数式 $Y = \overline{A + B + C}$ 可以写成（　　）。

A. $\overline{A}\,\overline{B}\,\overline{C}$　　B. $\overline{ABC}$　　C. $\overline{C}\,\overline{A} + \overline{B} + \overline{C}$

三、判断题

1．逻辑函数式在等号两边的各项可任意消去，原因是等号两边变量数值相等。（　　）

2．常用的化简方法有代数法和卡诺图法。（　　）

3．逻辑函数化简的意义在于构成逻辑电路时可节省器件，降低成本，提高工作的可靠性。（　　）

4．任何一个逻辑函数的最小项表达式一定是唯一的。（　　）

5．任何一个逻辑函数表达式经化简后，其最简式一定是唯一的。（　　）

6．在任意时刻，组合逻辑电路输出信号的状态，仅仅取决于该时刻输入信号的状态。（　　）

7．对于同一逻辑电路，既可以采用正逻辑，也可以采用负逻辑，但它们表示同一电路的逻辑功能是相同的。（　　）

四、简答题

1．写出组合逻辑电路的分析步骤。

2．应用逻辑代数运算法则化简下列各式。

（1）$Y = AB + \overline{A}\,\overline{B} + A\overline{B}$

（2）$Y = \overline{\overline{A + B} + AB}$

（3） $Y = ABC + \bar{A} + \bar{B} + \bar{C} + D$

3．用卡诺图化简下列各逻辑函数式。

（1） $Y = \overline{ABC} + \bar{A}B\bar{C} + A\bar{B}C + ABC$

（2） $Y = AC\bar{D} + \bar{A}B\bar{D} + BC + \bar{A}CD + ABD$

（3） $Y = \bar{A}B + \bar{B}C + A\overline{B\bar{C}}$

4. 根据逻辑函数式 $Y = AB + \overline{A}\,\overline{B}$ 列出逻辑状态表，说明其逻辑功能，并画出其用与非门组成的逻辑图。

5. 根据图 1—2—1 所示的逻辑图，写出两个电路的逻辑函数式，列出真值表，并分析其逻辑功能。

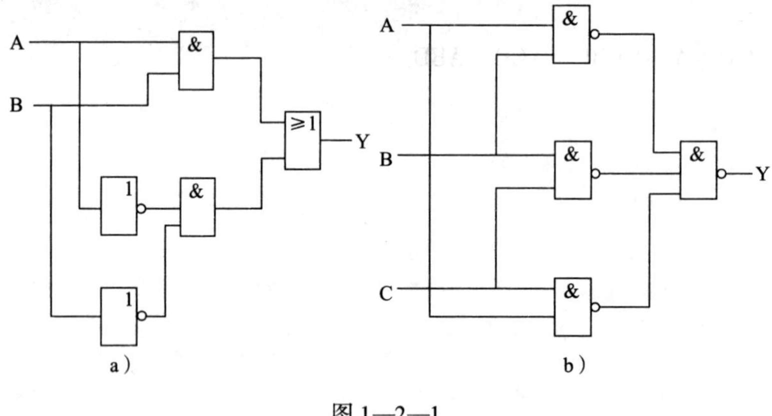

图 1—2—1

6. 某一组合逻辑电路如图 1—2—2 所示，试分析其逻辑功能。

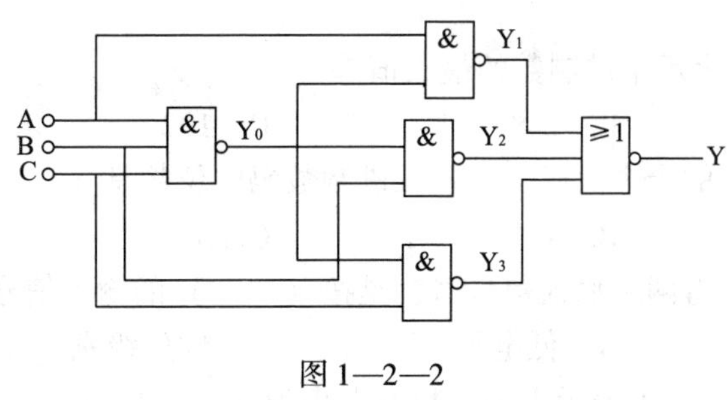

图 1—2—2

任务 3　编码器与比较器的应用

一、填空题

1. 把二进制数码 0 和 1 按一定的规律编排成一组组代码，并使每组代码具有一定的含义（如代表某个十进制数），称为________。

2. $(23)_{10}=($________$)_2=($________$)_{8421BCD}$。

3. $(10011)_2=($________$)_{8421BCD}=($________$)_{10}$。

4. $(01011000)_{8421BCD}=($________$)_{10}$。

5. 常用数制有________进制、________进制、________进制、________进制。

6. 二进制只有________和________两个数码，进位规律是________；十进制有________个数码，进位规律是________。

7. 编码器按输出代码种类不同，可分为________和________。

8. 用于比较________的电路，称为数值比较器。

9. 两个 4 位二进制数 A（$A_3A_2A_1A_0$）、B（$B_3B_2B_1B_0$），要比较 A、B 的大小，应从________逐位比较判断。

二、选择题

1. 8 位二进制数能表示十进制数的最大值是（　　）。

A. 255　　B. 248　　C. 192

2. 欲表示十进制数的十个数码，需要二进制数码的位数是（　　）位。

A. 2　　B. 4　　C. 3

3. 优先编码器同时有两个输入信号时，是按（　　）的输入信号编码。

A. 高电平　　B. 低电平　　C. 优先级别　　D. 无法编码

4. 8421BCD 码 00010011 表示十进制数的大小为（　　）。

A. 10　　B. 13　　C. 12　　D. 17

5. 编码器在某一时刻能对（　　）种输入信号状态进行编码。

A. 一　　B. 两　　C. 多

三、简答题

1. 什么是编码？什么是编码器？

2. 比较器主要实现哪些功能？

3. 分析图 1—3—1 所示编码器的工作原理并回答：

（1）这是一个几进制的编码器？

（2）当开关 S6 闭合时，Y_2、Y_1、Y_0 状态如何？

（3）当开关 S7 闭合时，Y_2、Y_1、Y_0 状态又如何？

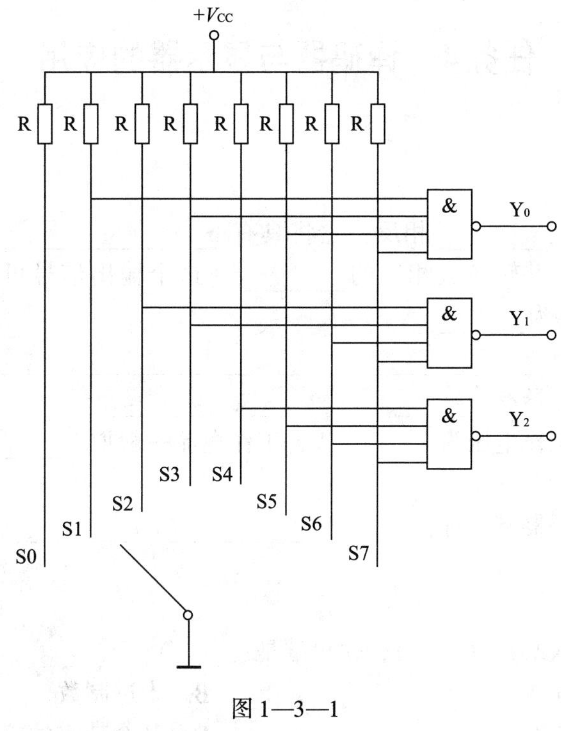

图 1—3—1

4. 设计一个比较 2 位二进制数 A 和 B 的电路，要求当 A = B 时，输出 Y = 1，否则 Y = 0。

任务 4　译码器与显示器的应用

一、填空题

1. 译码器的功能与________相反，它将具有____________________________________
______“翻译”出来，并转换成相应的________。这个输出信号可以是脉冲，也可以是________。译码器也称为________。

2. 常用的译码器有________________、________________、________________。

3. 常用的数码显示器有________、________、________。

4. 发光二极管的工作电压为________V，工作电流一般取________，既保证亮度适中，又不损坏器件。

5. 常用的显示译码器有三种：__________________、____________、______________。

二、选择题

1. 译码电路的输入端是（　　），输出端是（　　）。

   A. 二进制代码　　　　B. 十进制数

   C. 某个特定信息　　　　D. 某个特定的控制信息

2. 3—8 线译码器有（　　）。

   A. 3 条输入线，8 条输出线　　　　B. 4 条输入线，2 条输出线

   C. 4 条输入线，8 条输出线　　　　D. 8 条输入线，2 条输出线

三、判断题

1. 译码器、编码器、全加器都是组合逻辑电路。（　　）
2. 七段数码显示器只能用来显示十进制数字，而不能用于显示其他信息。（　　）
3. 与液晶数码显示器相比，LED 数码显示器具有亮度高且耗电最小的优点。（　　）
4. 译码器的输入是二进制数码，输出是与输入数码相对应的具有特定含义的逻辑信号。（　　）
5. 数字显示电路通常由译码器、驱动电路、显示器等部件组成。（　　）

四、简答题

写出 8421 码十进制加法计数器及七段译码显示器“f”笔真值表，并写出“f”笔的逻辑表达式，画出“f”笔用与非门实现的电路图，字形如图 1—4—1 所示。

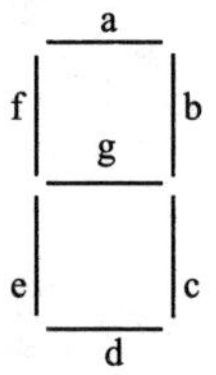

a
f　g　b
e　c
d

图 1—4—1

表 1—4—1 真值表

CP	Q_3	Q_2	Q_1	Q_0	f
0					
1					
2					
3					
4					
5					
6					
7					
8					
9					

任务 5 数据选择器和数据分配器的应用

一、填空题

1. 数据选择器又称为________，它相当于________，在选择输入（又称________）信号的作用下，从多个数据输入通道中选择某一通道的数据（________）传输到________。

2. 4 选 1 数据选择器是指：____。

3. 数据分配器是根据________信号将一路输入数据传送到________的某一输入端。

二、选择题

1. 多路数据选择器不仅可以用来作为数据选择开关，还可以实现（　　）功能。

A. 输入　　B. 进位　　C. 比较　　D. 逻辑函数

2. 对于一个数据分配器，它是在地址选择信号的作用下，将（　　）信号送到对应的（　　）端。

A. 输入　　B. 进位　　C. 输出　　D. 选择控制

三、判断题

1. 数据选择器又称为多路调制器，相当于一只单刀多掷选择开关。　　（　　）

2. 通常数据选择器有单个输入端，多个输出端。 （ ）

四、简答题

1. 什么是数据选择器？简述数据选择器的基本结构和基本功能。

2. 图 1—5—1 所示为一个 4 选 1 数据选择器，A、B 是选择控制输入端，D_0、D_1、D_2、D_3 是数据输入端，Y 是数据输出端。分析电路，写出其输出端的逻辑表达式，并将其逻辑功能填入表 1—5—1 中。

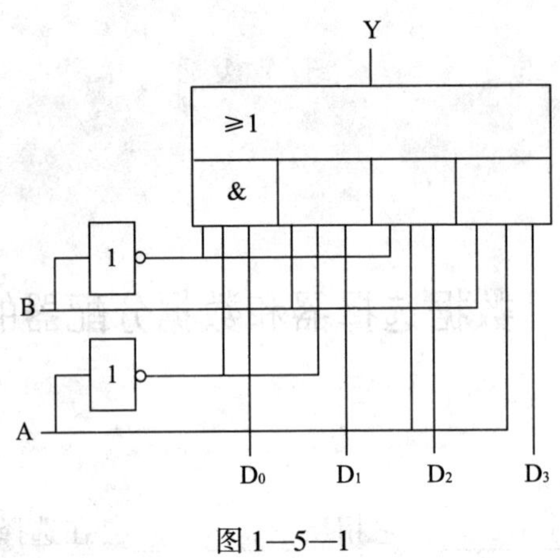

图 1—5—1

表 1—5—1 4 选 1 数据选择器真值表

选择输入		数据输入				输出
A	B	D_0	D_1	D_2	D_3	Y

课题二　脉冲产生与变换电路

任务 1　单稳态触发器与振荡器的应用

一、填空题

1. RC 电路是由电阻和电容构成的简单电路。在分析 RC 电路时，电路切换瞬时电容可视为________；瞬态过程结束后，电容又相当于________。

2. 微分电路和积分电路都是利用____________实现波形变换的。微分电路输出取自________两端，要求时间常数________。积分电路输出取自________两端，要求时间常数________。

3. 环形振荡器就是将________与非门首尾相接，构成环形连接所组成的电路。

4. 多谐振荡器电路没有________，电路不停地在两个________之间转换，因此又称为________。

二、选择题

1. 单稳态触发器一般不适用于（　　）电路。

   A. 定时　　B. 延时

   C. 脉冲波形整形　　D. 自激振荡产生脉冲信号

2. 单稳态触发器的脉冲宽度取决于（　　）。

   A. 触发信号的周期　　B. 电路的 RC 时间常数

   C. 电路的 RC 时间常数　　D. 触发信号的宽度

3. 多谐振荡器是一种自激振荡器，能产生（　　）。

   A. 矩形波　　B. 三角波

   C. 正弦波　　D. 尖脉冲

三、判断题

1. 单稳态触发器有一个稳定状态和一个暂稳定状态。（　　）
2. 单稳态触发器可用来进行脉冲的整形、延迟和定时等。（　　）
3. 多谐振荡器需要外界的触发信号才可形成输出脉冲。（　　）
4. 从振荡器的工作特点看，它是无稳态电路。（　　）
5. 多谐振荡器输出的信号为正弦波。（　　）
6. 石英晶体振荡器的特点是其频率稳定性很高。（　　）

四、简答题

1. CMOS 或非门微分型单稳态电路如图 2—1—1 所示，G1、G2 之间采用了 RC 微分电路耦合，V_T为 CMOS 或非门的开启电压，画出电路各点的波形，并简述其工作原理。

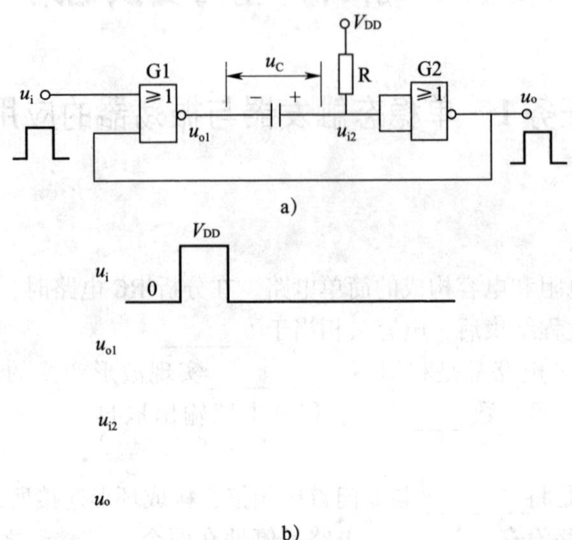

图 2—1—1

2. 图 2—1—2 所示电路中，$R_1 = R_2 = 1\ \text{k}\Omega$，电路起始时 u_{o1} 为低电平，u_{o2} 为高电平，电容电压 $u_{c1} = u_{c2} = 0$，分析此电路的工作原理，画出 u_{c1}、u_{o1}、u_{c2} 和 u_{o2} 的波形。

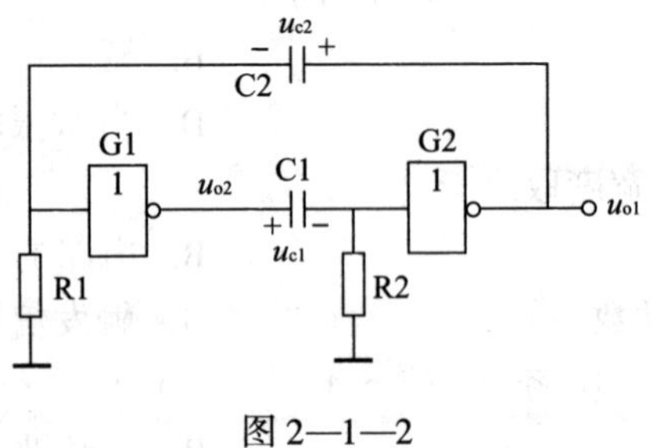

图 2—1—2

3. 图 2—1—3 所示为 TTL 与非门构成的 RC 定时多谐振荡器。

（1）定性地画出 a、b、d、e、g 各点电压波形。

（2）估算振荡频率范围。

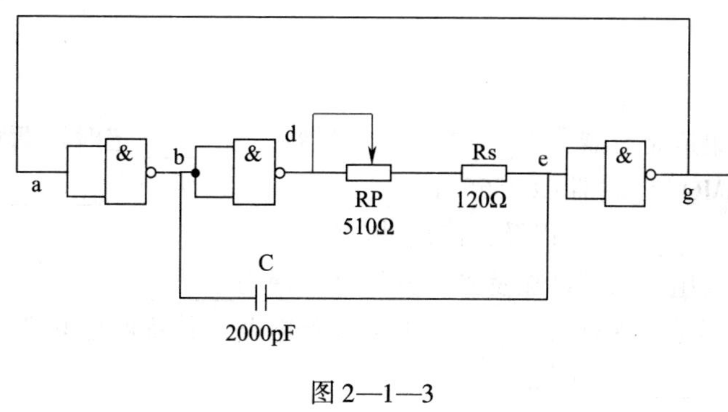

图 2—1—3

4. 石英晶体多谐振荡器通常是由哪些部件组成的？它最突出的优点是什么？

任务 2　555 定时器的应用

一、填空题

1. 常用的 555 集成定时器分为________定时器和________定时器两种类型，两者的工作原理基本相同。CMOS 定时器 CC7555 由____________、两个____________、__________和____________、____________以及输出缓冲门组成。

2. 由 555 定时器组成的多谐振荡器，其振荡周期为________。

3. 施密特触发器是一种具有________的双稳态电路，其特点是电路具有________稳态，且________稳态依靠________来维持。

二、判断题

1. 施密特触发器是一个双稳态触发器。（　　）

2. 施密特触发器是利用其回差特性进行波形变换的。（　　）

3. 单稳态触发器、施密特触发器和多谐振荡器的内部都有正反馈，因此电路状态转换十分迅速。（　　）

三、选择题

1. 改变施密特触发器的回差电压而输出电压不变，则触发器输出电压的（　　）发生变化。

A. 幅度　　B. 脉冲宽度　　C. 频率

2. 施密特触发器一般不适用于（　　）电路。

A. 延时　　B. 波形变换　　C. 波形整形　　D. 幅度鉴定

3. 施密特触发器的特点是（　　）。

A. 没有稳态　　B. 有两个稳态

C. 有两个暂稳态　　D. 有一个稳态和一个暂稳态

四、简答题

设施密特触发器的负向阈值电压 $V_T = 0.8$ V，回差电压 $\Delta V = 0.8$ V。试画出在图 2—2—1 所示输入波形下，施密特触发器的输出波形 u_o。

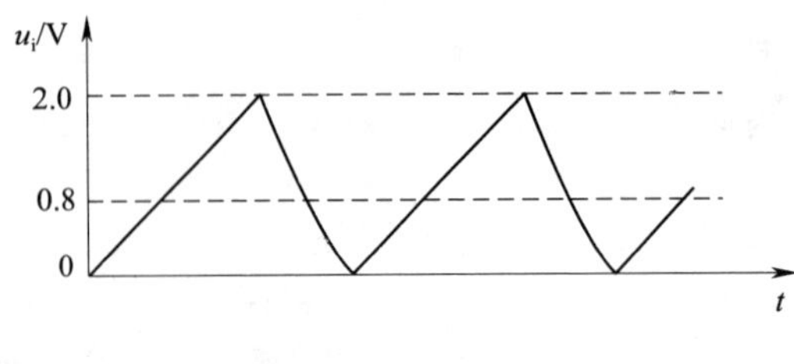

图 2—2—1

课题三　时序逻辑电路

任务 1　触发器的应用

一、填空题

1. 触发器通常由________电路组成，但其逻辑功能却与之完全不同。

2. 触发器具有________和________功能，它在某一时刻的输出不仅____________，而且__________________。

3. 触发器按功能可分为____________、____________、____________和____________触发器。

二、选择题

1. 触发器与组合电路比较（　　）。

A. 两者都有记忆能力　　B. 只有组合逻辑电路有记忆能力

C. 只有触发器有记忆能力

2. 触发器工作时，时钟脉冲作为（　　）。

A. 输入信号　　B. 清零信号　　C. 抗干扰信号　　D. 控制信号

3. 主从 JK 触发器在触发脉冲作用下，若 JK 同时接地，触发器实现（　　）功能，若 JK 同时悬空，触发器实现（　　）功能。

A. 保持　　B. 置 0　　C. 置 1　　D. 翻转

4. 主从触发器是一种能防止（　　）现象的实用触发器。

A. 一次变化　　B. 空翻　　C. 触发而不翻转

5. 在触发器电路中，利用 S_D端、R_D端可以根据需要预先将触发器（　　）。

A. 置 1　　B. 置 0　　C. 置 1 或置 0

三、判断题

1. 触发器在某一时刻的输出状态，不仅取决于当时输入信号的状态，还与电路的原始状态有关。（　　）

2. 触发器进行复位后，其两个输出端均为 0。（　　）

四、简答题

1. 在与非型和或非型基本触发器中，如果输入如图 3—1—1 所示波形，试分别画出两种基本触发器 Q 和 $\overline{Q}$ 的波形。

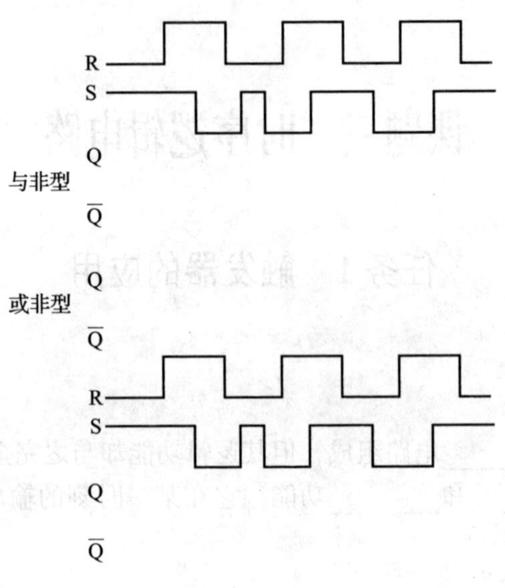

图 3—1—1

2. 如果已知与非门组成的基本 RS 触发器的现状为 Q_n，要求触发器的新状态为 Q_{n+1}，在表 3—1—1 中填入相应的输入状态。

表 3—1—1

Q_n	Q_{n+1}	R_D	S_D
0	0		
0	1		
1	0		
1	1		

3. TTL 边沿 JK 触发器输入波形如图 3—1—2 所示，试画出 Q 和 $\overline{Q}$ 的波形。设触发器的初始状态 Q = 0。

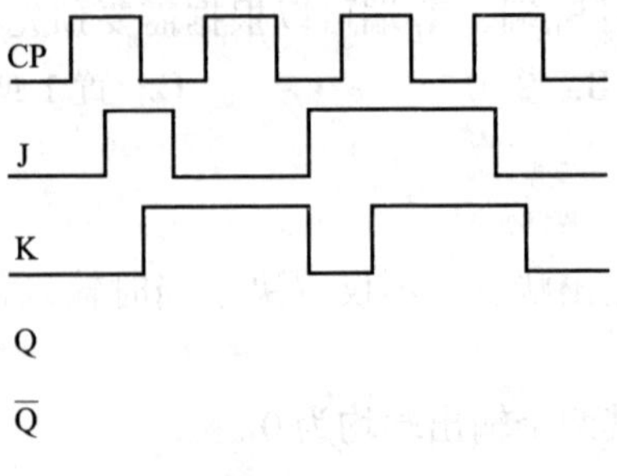

图 3—1—2

4. TTL 维持阻塞 D 触发器的输入波形如图 3—1—3 所示，试画出 Q 和 $\overline{Q}$ 的波形。设触发器的初始状态 Q = 0。

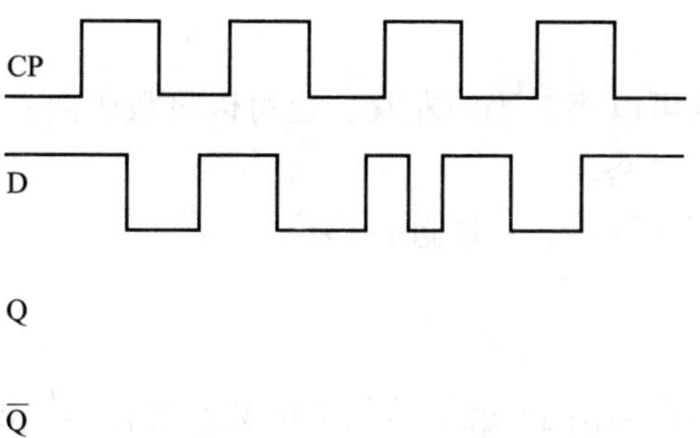

图 3—1—3

5. 试根据图 3—1—4 中 A、B 端的输入波形，画出 Y_1、Y_2、Q 端的波形。设触发器的初始状态 Q = 0。

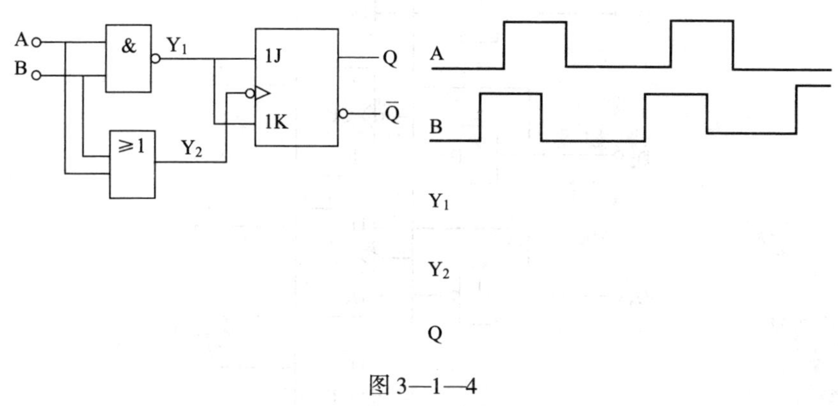

图 3—1—4

任务 2　寄存器的应用

一、填空题

1. 锁存器是指当没有锁存信号作用时，其输出状态随________的变化而变化；当锁存信号作用时，锁存器将保持________来前的状态不变。

2. 寄存器是具有能够________、________和________数码的一种逻辑记忆元件，分________寄存器和________寄存器两种类型。

二、选择题

1. 通常，寄存器应具有（　　）功能。

A. 存数和取数　　B. 清零和置数　　C. 两者皆有

2. 寄存器在电路组成上的特点是（　　），而计数器在电路组成上的特点是（　　）。

A. 有 CP 输入端、无数码输入端

B. 有 CP 输入端、有数码输入端

C. 无 CP 输入端、有数码输入端

三、判断题

1．双向移位寄存器既可以将数码向左移，也可以将数码向右移。（　　）

2．寄存器是组合逻辑电路。（　　）

3．数码寄存器只能寄存数码，不能进行移位。（　　）

四、简答题

1．图 3—2—1 所示为由边沿 JK 触发器组成的数码寄存器，说明该数码寄存器的工作原理。

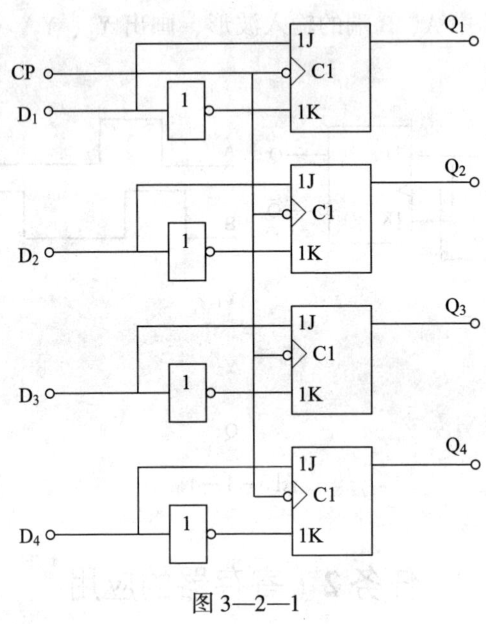

图 3—2—1

2. 图 3—2—2a 所示为一个串并行输入、串并行输出移位寄存器，说明该移位寄存器的工作原理，并根据图 3—2—2b 输入波形画出输出波形。

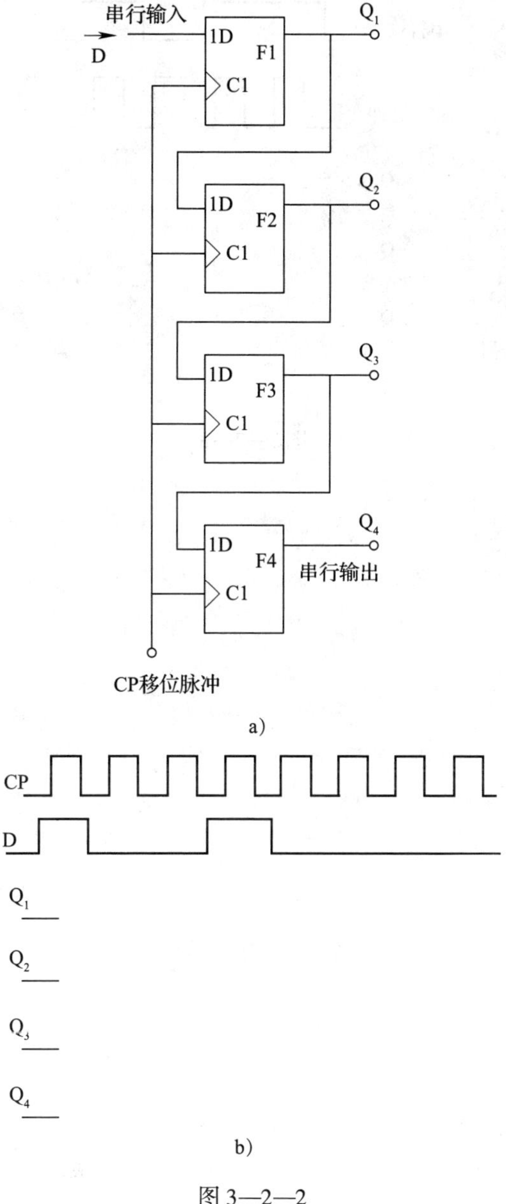

a)

b)

图 3—2—2

3．根据所学知识，利用 JK 触发器设计一个 4 位右移位寄存器。要求：画出逻辑图、写出状态表，并根据已知的图 3—2—3 输入波形画出输出波形。

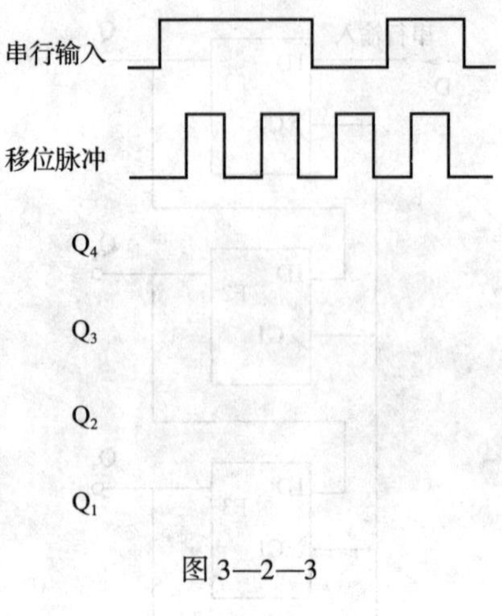

图 3—2—3

任务 3　计数器的应用

一、填空题

1．计数器按计数进制不同，可分为________计数器、________计数器和________计数器，按计数单元中触发器翻转顺序来分，则可分为________和________两大类。

2．如果按计数过程中计数器数值的增减，又可分为________计数器、________计数器和________计数器。随着计数脉冲的输入而递增计数的称为________计数器，递减计数的称为________计数器，可增可减的称为________计数器。

3．计数器在数字系统中有着广泛的应用，除了计数之外，还可用来________、________等。

二、选择题

1．构成计数器的基本电路是（　　）。

A. 或非门　　　　　　B. 与非门　　　　　　C. 触发器

2. 一个十进制计数器，至少需要由（　　）个触发器构成。

A. 2　　　　　　B. 3　　　　　　C. 4　　　　　　D. 5

3. 一个计数器的状态变化为：000→100→011→010→001→000，则该计数器是（　　）进制（　　）计数器。

A. 4　　　　　　B. 5　　　　　　C. 递增　　　　　　D. 递减

4. 一个八进制计数器，最多能记忆（　　）个脉冲，第（　　）个脉冲到来后，向高位进 1。

A. 7　　　　　　B. 8　　　　　　C. 9　　　　　　D. 10

5. 某计数器，有一个控制端 N，其状态图如图 3—3—1 所示。

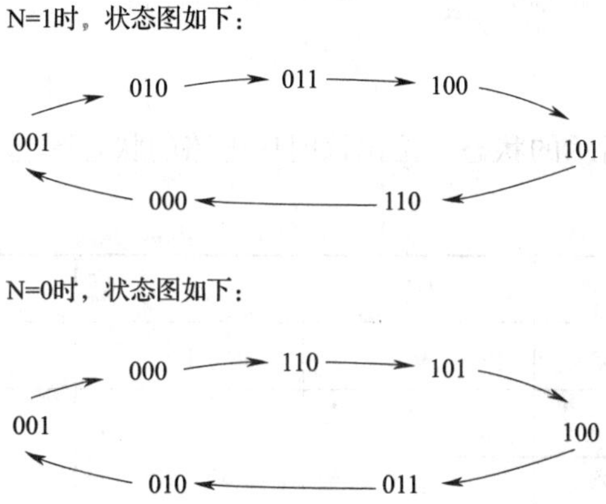

N=1时，状态图如下：

001 → 010 → 011 → 100 → 101 → 110 → 000 → 001

N=0时，状态图如下：

001 → 000 → 110 → 101 → 100 → 011 → 010 → 001

图 3—3—1

则该计数器是（　　）进制（　　）计数器。

A. 八　　　　　　B. 十　　　　　　C. 七　　　　　　D. 递减

E. 递增　　　　　　F. 可逆

6. 用 D 触发器作二进制计数器时，必须将（　　）连接。

A. “D”与本位“Q”端　　　　　　B. “D”与本位“$\overline{Q}$”端

C. “D”与本位“CP”端　　　　　　D. “D”与低位“$\overline{Q}$”端

三、判断题

1. 异步计数器的工作速度一般高于同步计数器。（　　）

2. N 进制计数器可以实现 *N* 分频。（　　）

3. 用 8421BCD 码表示的十进制数字，必须经译码后才能用七段数码显示器显示出来。（　　）

4. 在计数器中，十进制数通常是用二进制数表示的，所以十进制计数器是指二—十进制编码的计数器。（　　）

5. 为了得到计数容量较大的计数器，可以将两个以上的计数器串联起来。例如，把一个三进制计数器和一个四进制计数器串联起来，就构成了一个七进制计数器。（　　）

四、简答题

1．全部使用维持阻塞 D 触发器组成异步三位二进制递增计数器，画出逻辑电路图。

2．根据表 3—3—1 所示的状态，画出该时序电路的状态图。

表 3—3—1

Q_3^n	Q_2^n	Q_1^n	Q_3^{n+1}	Q_2^{n+1}	Q_1^{n+1}
0	0	0	1	0	0
0	0	1	0	0	0
0	1	0	1	0	1
0	1	1	0	0	1
1	0	0	1	1	0
1	0	1	0	1	0
1	1	0	1	1	1
1	1	1	0	1	1

3. 分析图 3—3—2a 中所示电路的逻辑功能，列出状态表 3—3—2，并画出 Q_0、Q_1、Q_2 的波形，如图 3—3—2b 所示。设各触发器的初始状态均为 0。

表 3—3—2

CP 个数	Q_0	Q_1	Q_2
0	0	0	0
1			
2			
3			
4			
5			
6			
7			
8			

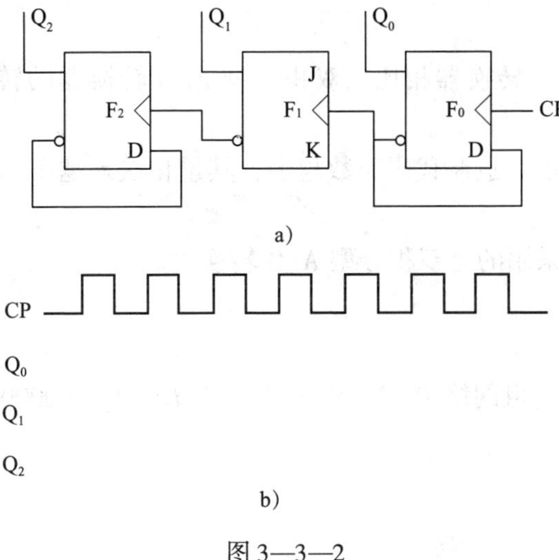

图 3—3—2

4. 图 3—3—3 所示为一个二进制递增计数器，现欲将它改为十进制递增计数器，应如何连接？

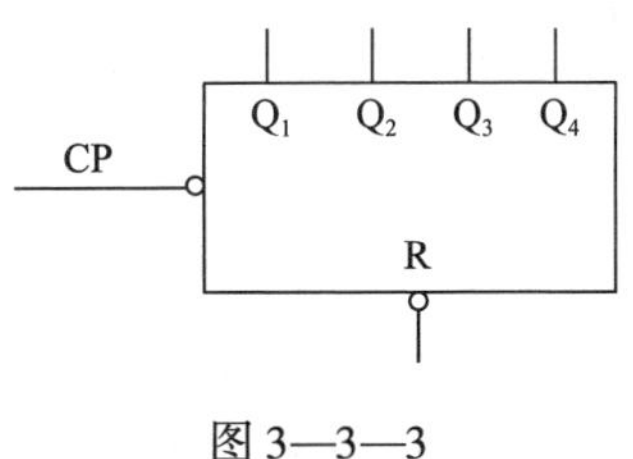

图 3—3—3

课题四　A/D 与 D/A 转换器的应用

一、填空题

1. 从模拟信号到数字信号的转换称为________转换（又称为________转换），完成________转换的电路称为________转换器（简称 ADC）；从数字信号到模拟信号的转换称为________转换（又称为________），完成________转换的电路称为________转换器（简称 DAC）。

2. 常用的 A/D 转换器有________型、________型等。

3. A/D 转换过程一般需经过________________、________________两大步骤，将模拟量转换成相应的数字量。

二、判断题

1. 与逐次逼近型 A/D 转换器相比，双积分型 A/D 转换器的转换速度较快，但抗干扰能力较弱。（　　）

2. A/D 转换器输出的二进制代码位数越多，其量化误差越小，转换精度也越高。（　　）

3. 数字万用表大多采用的是双积分型 A/D 转换器。（　　）

三、简答题

1. 有一个 8 位 T 形电阻网络 DAC，$R_f = 3R$，若 $d_7 \sim d_0 = 00000001$ 时，$U_0 = -0.04$ V，那么 00010110 和 11111111 时的 U_0 各为多少伏？

2. 7 位 D/A 转换器的分辨率是多少？

3. 图 4—1 所示的倒 T 形电阻网络 DAC，若 $U_{REF}=-10$ V，当输入如下数字信号时，输出电压 $U_0=$？

（1）D_0 为 0001。

（2）D_2 为 1010。

（3）D_3 为 1111。

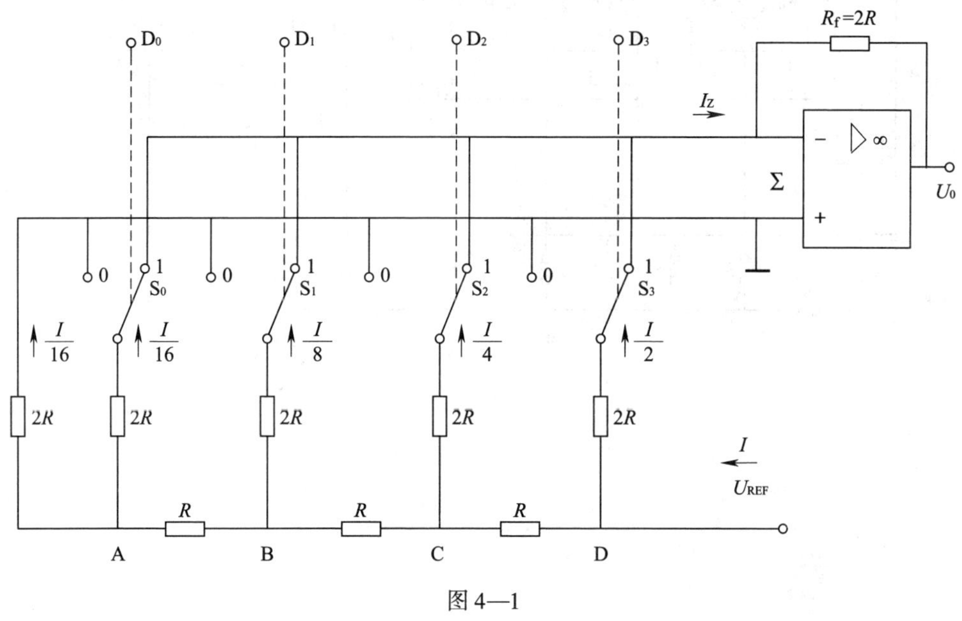

图 4—1

课题五　综合与拓展任务

编码电子锁原理电路如图 5—1 所示。图中有 10 个按键开关 $S_0 \sim S_9$，分别标记为 0 ~ 9。集成电路必须选用 TTL 集成电路，4 个触发器可由 2 片 74LS74 双 D 触发器组成，三输入端与非门 4 和反相器 3 可用一片 74LS20 完成，反相器 1、2 可用一片 74LS00 实现。4 个 D 触发器的复位端连在一起，由反相器 3 的输出控制，并接一只电容 C2 到地，由于电容两端的电压不能跃变，因此在接通电源的瞬间，$\overline{R_d}$端为低电平，将 4 个 D 触发器置零。F 输出为低电平，电子锁处在关的状态。试分析电子锁的密码。

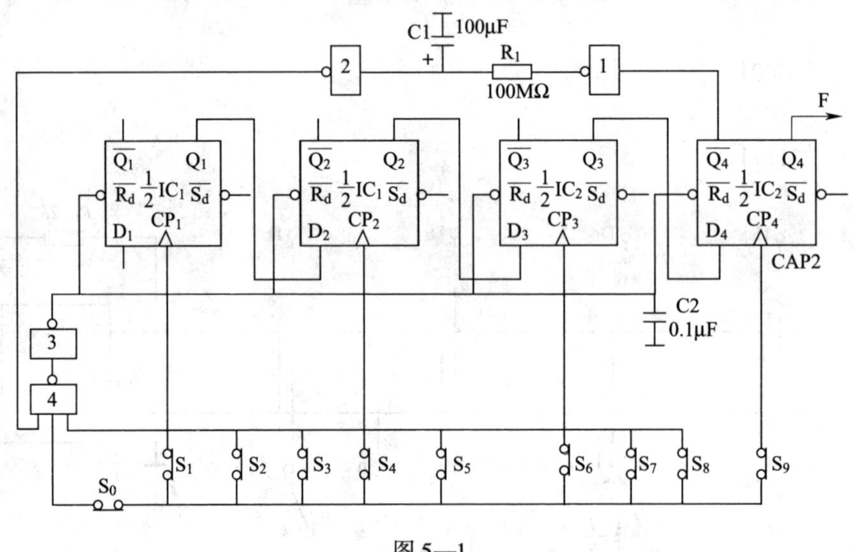

图 5—1

责任编辑：杜庚星
责任校对：张 苏
封面设计：揽胜视觉

本习题册是全国中等职业技术学校电子类专业教材《数字电路基础（第二版）》的配套用书。习题册按照教材课题任务顺序编排，内容紧扣教学要求，注重基础知识的巩固和基本能力的培养，知识点分布均衡，题型丰富，难易适当，适合不同程度的学生练习使用。

本习题册由朱春萍主编，王海燕参加编写。

ISBN 978-7-5167-3097-3

定价：5.00 元

全国中等职业技术学校电子类专业

SHUZI LUOJI DIANLU

数字逻辑电路

(第四版)习题册

中国劳动社会保障出版社